应对气候变化全民行动指南

呵护地球：低碳环保从我做起

（校园篇）

蒋　瑜　朱童童
农凤龙　陈朝述　编
陈　旺　绘

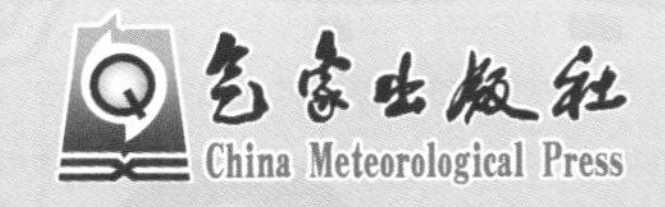

图书在版编目（CIP）数据

呵护地球：低碳环保从我做起．校园篇 / 蒋瑜等编．-- 北京：气象出版社，2017.10（2019.5 重印）
（应对气候变化全民行动指南）
ISBN 978-7-5029-6670-6

Ⅰ.①呵… Ⅱ.①蒋… Ⅲ.①节能—指南 ②环境保护—指南 Ⅳ.① TK01-62 ② X-62

中国版本图书馆 CIP 数据核字（2017）第 261712 号

出版发行：气象出版社
地　　址：北京市海淀区中关村南大街 46 号　　邮　　编：100081
电　　话：010-68407112（总编室）　010-68408042（发行部）
网　　址：http://www.qxcbs.com　　E-mail：qxcbs@cma.gov.cn
责任编辑：张盼娟　　终　　审：张斌
责任校对：王丽梅　　责任技编：赵相宁
封面设计：楠竹文化
印　　装：中国电影出版社印刷厂
开　　本：889mm × 1194mm　1/32　　印　　张：1.5
字　　数：39 千字
版　　次：2017 年 10 月第 1 版　　印　　次：2019 年 5 月第 2 次印刷
定　　价：9.00 元

前言

地球是迄今为止科学家发现的唯一适合人类生存的星球，有适宜的温度、适当的空气、适合的水分等，这是我们人类居住的家园。如果我们现在还没有意识到自己的某些行为正在给这个星球带来伤害，是不是某一天我们会被这个星球所抛弃，家园将不复存在？那么我们现在能为唯一的家园做些什么呢？

低碳生活

目 录

SCHOOLYARD

01 什么是低碳

1.1 低碳概述

低碳经常作为属性词，指温室气体（以二氧化碳为主）排放量较低的，如低碳经济，低碳生活。

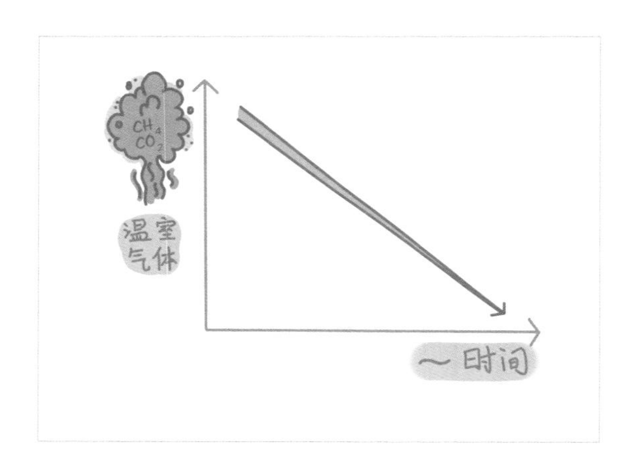

低碳旨在倡导一种低能耗、低污染、低排放为基础的生活方式，减少温室气体排放。“低碳”以未来救世主的身份在全球风靡起来，像奥特曼一样，没变身之前普普通通地生活在人们之间，当“环境危机”这一小怪兽出现时，它就开始被人们呼唤出来。另外，低碳有很多好朋友一起出现在日常生活中，希望大家不要忽略它们。它们是“碳足迹”“碳排放计算”“碳交易”“碳标签”等。期待你们在日常生活中找到它们的身影。

1.2 低碳的分类

接下来大家猜猜看，低碳都有哪些“孩子”呢？按功能划分有低碳生活、低碳经济、低碳教育、低碳生产、低碳交通、低碳文化等。其中低碳生活包括低碳饮食、低碳居住、低碳服装、低碳出行、低碳消费。按区域划分有低碳校园、低碳城市、低碳农村等。

低碳生活，就在我们身边，为改善环境付出很多。低碳经济，它能力强大，指引着未来环境的走向。当然还有低碳社会、低碳生产等许许多多的“兄弟姐妹”，虽然现在还“小”，但在不久的将来会成长为支持环境发展，改善环境的栋梁。

每个家长都有不同的职业和生活方式，不管处于哪个领域，只要能了解低碳理念、提倡低碳生活、践行低碳行为，就可以过上大家喜闻乐见的低碳生活。

SCHOOLYARD

02 为什么要低碳

我们从小就知道，燃烧秸秆、木头，就有火，有热量。但是燃烧完之后呢？也许你会说，就剩下灰烬了。其实不然，还有排放到空气中的含碳气体，比如一氧化碳、二氧化碳之类的。汽车燃烧汽油，会排放尾气，主要污染成分有一氧化碳、碳氢化合物等。一辆汽车的尾气量不足以造成危害，但是两辆、三辆……成千上万乃至上亿辆汽车的尾气排放量就很惊人了。工业生产使用的石油、汽油、煤炭等含碳能源，通过这种方式，源源不断地从地底下进入大气中，就像是藏在地下的“小怪兽”一样来到人们的面前，在大气中气焰嚣张地张牙舞爪。

为什么会出现这种情况呢

第二次工业革命后，随着新技术新发明的产生，人类社会进入电气时代，大大促进了生产力，到了19世纪七八十年代，以煤气和汽油为燃料的内燃机相继诞生，90年代柴油机创制成功。内燃机的发明提升了交通工具的发动机动力。1885年德国人卡尔·弗里德里希·本茨成功地制造出由内燃机驱动的汽车，内燃汽车、远洋轮船、飞机等得到了迅速发展。内燃机的发明，推动了石油开采业的发展和石油化工业的生产。

从20世纪开始，科技不断进步，在世界工业经济发展、地球人口剧增、人类生产生活方式的无节制下，农业秸秆的燃烧，工业、交通、能源等的消耗，自然林地的减少，森林砍伐与焚烧等人类有目的的碳排放行为日益增多，使二氧化碳等温室气体排放量越来越大，越来越多的含碳化合物从土圈、生物圈进入大气圈，改变了含碳物质在各个圈层原有的元素组成比例。空气中积聚了越来越多的含碳化合物，大气成分组成中碳的比例升高了。

低碳反过来就是高碳，高碳是一件好事情吗？不，人类已经逐渐认识到高碳的危害。危害效应有哪些呢？全球气候变暖，海平面上升，扰乱降水分配，自然灾害、极端天气气候事件增多，加速物种灭绝，雾霾形成增多，从而影响人体健康。

我们来一一认识那些不好的效应。

2.1 全球气候变暖

二氧化碳、甲烷等温室气体对来自太阳辐射的可见光具有高度透过性，对地球发射出来的长波辐射具有高度吸收性，从而使得整个地球近地表层的大气温度上升，形成温室效应。

在人类还没有觉察到的时候，大气中的含碳气体积聚足够多，有了能够影响全球气候的能力，这一效应无声而真实存在。排放到大气中的含碳气体已使我们生存空间的温度上升，并逐渐改变着全球的气候。

2.2 海平面上升

全球气候变暖，近大气的海水变热膨胀，南北两极的冰川消融，全球海平面上升，淹没从太平洋到印度洋的低地环礁岛国土地。试想，如果我们现在不提倡低碳、减少碳排放的话，未来的上海、天津、香港、珠海等众多现在的沿海城市会淹没在一片汪洋大海中。想象一下，首都北京是一个临海城市，从天安门城楼上看海那是怎样一个场景啊？

2.3 扰乱降水分配

全球气候变暖，大气温度升高使水循环加快，海洋和陆地的更多水分进入大气圈，加剧了海陆降水分布不均，内陆区域更加干旱，赤道国家的降水减少，粮食产量减少。

2.4 自然灾害、极端天气气候事件增多

全球气候变暖，会导致诸如厄尔尼诺、干旱、洪涝、海啸、雷暴、冰雹、大风、台风、高温天气和沙尘暴等极端天气气候现象和事件出现的频率与强度增加。极端天气还会带来一系列次生灾害的不利影响，如高温天气易引发森林火灾。

2.5 加速物种灭绝

全球气候变暖改变了地球上生态系统的温度，在一定程度上影响或间接破坏了生态系统。一些动植物种类由于不能适应上升的温度，而导致种群数量下降，或者没有及时迁徙到温度更低的区域，使得一些濒危物种加速灭绝，尤其是在南美洲、澳大利亚、新西兰等地区和国家。

2.6 雾霾形成增多

大量的含碳化合物（碳氢化合物、碳氧化合物）排放到空气中，使大气浑浊，是形成雾霾的原因之一。众所周知，雾霾天气是一种大气污染现象，雾霾的主要危害有两种：一是对人体产生的危害，二是对交通产生的危害。

雾霾天气时空气中有毒有害的气体积聚，使人们成为一个个天然的“吸尘器”，会相应导致眼睛、心脏、呼吸道系统等方面的疾病。雾霾还会导致传染病增多，不利于孩子的成长，影响身体和心理健康。

雾霾天气时能见度低，会造成交通堵塞，增加交通危险系数，影响交通安全，影响人们的正常生产生活。

2.7 影响人体健康

大气中碳氧化合物、碳氢化合物过多的话，全球气候变暖，对人类健康形成了巨大的威胁。

温度上升，增加病菌、病毒等的活性，加速传染病的传播，如脑炎、疟疾等爆发；高温易发生中暑，降低人体免疫力和疾病抵抗力。由于温度上升，花期延长，易感人群加重或重复出现过敏症状。

以上七大危害都是我们现在已经可以预见的，并且是可以预防、减缓或阻止的。找到源头，解决危害的方法之一就是低碳。不低碳或许短期内看不出来对生活的影响，但如果所有人都不低碳生活，任由碳排放持续走高的话，那么以上的危害效应会更快更早地出现在我们面前，并且危害会更大，届时将难以弥补。为避免噩梦变成现实，亡羊补牢，犹未晚矣。天下兴亡，匹夫有责，我们每一个生活在地球上的人，无论老人小孩，无论健康与否，无论国籍信仰，都应为这个唯一的适合人类生活的地球做出自己的贡献。一个人的力量有限，但是很多人的微弱力量就可以聚合成为一股强大的力量：减缓碳排放。

当我们的健康与低碳生活方式息息相关时，当我们的安全与低碳理念执行度成正比时，当我们的生存与低碳生产紧密相连时，我们需要低碳时代，让碳排放的速度减缓，减一点，再减一点，再减一点……

低碳生活，是每一个地球人需建立的生活方式。

SCHOOLYARD

03

怎么实现低碳

3.1 低碳教育

在健康生活已成潮流的今天，“低碳生活”不再只是一种理想，而是一种值得期待的新的生活方式。为了普及“低碳生活”，低碳教育非常有必要。

低碳教育主要指让广大的青少年们通过学习、生活学会爱惜资源，减少耗能，做到低消耗、高效率、少压力、多方面的低碳个性素质教育，从小打好理论知识教育基础，再逐步践行理论，形成终身难以“戒掉”的“低碳”好习惯。

学校方面，可以将低碳理念引入教学，将低碳实践带入教育，将低碳行为融入学习评价，让低碳成为孩子的学习内容之一。

3.1.1 丰富低碳教育开展形式

学校开展低碳教育应将理论联系实际，注重形式的多样化和教育效果。一要发挥好课堂教学的主要作用。促使学生掌握低碳环保知识，规范自身行为，激发学生重新认识人类行为的主观能动性。二是课外实践中理论联系实际，通过校外、户外的综合实践活动进行低碳教育，增进学校与自然、社会的广泛联系与密切合作，引导学生综合利用已有知识能动地探究自然，强化学生对低碳生活实际的领略与体验，掌握低碳知识和技能，形成与环境和谐互动、友好相处的文明生活习惯。可以尝试的具体方法有，发出“低碳生活”倡议、开展相关知识讲座，自觉地树立“低碳理念”；开展主题班会、课外竞赛活动；制作低碳宣传栏等。

垃圾分类赛

分类	具体举例
可回收物	纸、塑料、金属、玻璃、织物等
可燃和可堆肥垃圾	果皮、厨余物、枯花枯草等
有害垃圾	废电池、过期药品和化妆品、水银温度计、油漆桶、荧光灯管等
大件垃圾	旧家具（沙发、桌椅等），旧电器（电视、电风扇、冰箱、洗衣机等）

在家庭方面，家长是孩子的第一位老师，要从自身出发，言传身教，发挥带头作用，配合学校培养孩子热爱自然、保护自然的责任感，带动孩子掌握低碳知识和技能。

3.1.2 积极发展低龄化低碳科普教育

青少年时期是学习认知理解、建立人生价值观的最好时期，同时也是最容易吸收科普知识、形成低碳思想的最佳时期。因而，学校开展低碳科普教育需从小学开始，在中学深化，才能使低碳科普教育真正地深入学生思想，更有助于低碳科普教育的广泛宣传。

在提倡素质教育的今天，低碳科普教育进入中小学课堂，与学科知识紧密结合，有助于提高学生对低碳科普知识的理解和兴趣，也有利于提高中小学校开展系列低碳科普活动的影响力。

3.1.3 实现与学科教育的整合

语文、政治、英语、历史、物理、地理等各学科教育是学校教育中的必要环节，充分利用学科教育的开展过程，渗透低碳相关知识能达到良好的教学效果。

在学科教育和学习中，老师注重把学科中的相关教育思想有机地融进低碳教育内容，学生在课堂学习中浸染“绿色”。从新闻热点找到引课的切入点，跟全球倡导的环保教育接轨，及时补充低碳生活常识，使学生认识学习低碳生活的价值意义，并积极引导学生实践。

其次，老师在课中注意资源的合理开发和利用延伸教育。运用多种参与形式，让同学们在激烈争论中认识人们生活给环境带来的利与弊，加深对资源与环境的认识。

3.1.4 鼓励和支持开展相关课题探索

鼓励学生参加与低碳教育相关的课题探索，通过实践发现当前低碳教育发展的现状，提高学生对改善低碳教育发展速度较缓慢的问题紧迫性的认识，在完成课题调查过程中，激发其自身对环保低碳事业的热情，提升对低碳理念的关注度，并将已有的成果共享给更多有需要的人。

3.1.5 鼓励教师开展低碳教育的积极性

新教育理念和新课程改革都突出“学生主体”的地位，但也不能忽略教师的主导作用。完全放任学生去主导课堂，放开手脚去展现自己的独立意识和个性特点，很容易淡化教师的主导意识，既无法有效地完成教学任务，也偏离了新课程改革的理念。所以，既要强调“以学生为主体”，也要重视“以教师为主导”，这样才能使教学更有效，学生能力得到发展。

教师是学科渗透低碳教育的主导，这是毋庸置疑的。教师的积极性会给学生的学习认知、学习动机、学习兴趣和学习方式等带来很大影响。因此，建立评价机制对学生低碳教育成效进行评估，进而对教师给予多形式的奖励，如开会表扬、奖金、职称评定等方法进行鼓励，将有助于提高教师渗透低碳教育的积极性，进而影响学生，使低碳教育能更健康地发展起来。

3.2 低碳校园

校园环境隐藏的文化意蕴，环保的小贴士，举行环保宿舍评比、环保班级评比等措施，充分营造出环保低碳的校园生活氛围，以无声的方式时刻影响着校园里每一个人的思想观念，引导着大家的行为习惯。学校建筑、教学设施、绿化、美化等校园环境作为一种客观存在，将会通过其隐性教育作用，转化为学生个体的主观思想，内化为个人道德。需要积极营造校园绿色低碳氛围，在潜移默化中增加学生对低碳的重视。

3.2.1 绿色化校园

校园规划要与生态结合，合理利用土地，不仅要有一定数量的青青草地、翠绿大树或美丽的平台花园来保证低碳减排，还要合理利用当地的资源，比如水资源，引流浇灌市政绿化。

3.2.2 数字化校园

时代在进步，科技在发展，数字化席卷校园，数字播放屏、数字多媒体、滚动显示屏等比比皆是。图书馆的资源不单单是纸质版的图书，容纳的电子书籍更广泛、更便捷、更全面。课程不仅仅是坐在教室里的课堂，还包括网络课堂。举个生活中最简单的小例子，校园里的校车营运有“法宝”显示：校车宝。

3.2.3 低耗化校园

校园日积月累的耗能总量也不少，可以采取各种低能耗措施：用水方面，采取循环用水、利用中水；用电方面，教室里的电灯采用节能灯；采暖方面，最大化利用太阳能；校内提倡使用自行车等。

3.3 低碳行为

学校在调动和培养学生对低碳环保的认知和责任感的同时，也应该对发展低碳环保事业充满责任感和积极性，发挥自身的时代先进性，从行动和资金上鼓励参与和开展低碳科普教育活动。低碳教育不仅要倡导低碳的生活方式，还要培养其低碳意识，促使学生进行理性分析，引导其形成富有责任感的环境价值观，使其自觉参与低碳行动，参与到社会实践之中。

而作为学生自身，也应该认识到自己对整个社会和国家未来发展的使命，积极投身于低碳环保事业，用自身行动和力量改变目前低碳教育发展不够完善的现状，为了可持续发展的伟大目标持续奋斗。

作为学生，你能做些什么呢？只要我们采取低碳的一点点小行动，就可以汇聚成一个“奥特曼”，抵抗“环境危机”这一“小怪兽”。

3.3.1　物品篇

反复使用教科书

学生需要接受新的知识，而书籍作为老师传道授业解惑的工具，在应用教学中有着不可磨灭的重要作用。每出一本书都会耗费很多能源，我们又不能为了低碳而不使用图书，但没有改版的图书都是可以循环使用的。例如：中小学的教材基本不会太频繁地改版，在我们上课时就可以不买书而使用上一届学生的，当然如果以后能使用电子版教学，也不失为一种更理想的方式。所以，大家应珍惜自己的教科书。

分享书籍、玩具

书籍不同于苹果，苹果咬一口就少一口，分享书籍不会有损失，只会增加知识的传播。玩具也是一样，可以同他人分享你的玩具，玩具不会减少，快乐只会增多。

分享的过程可以促进集体合作意识，增加物品的利用率，利于低碳减排。

纸张两面用

纸张均以植物为原材料，要么是草本植物，要么是木本植物，经过一系列的工序制成。两面使用纸张既能节省作业本的费用，同时也能提高资源的使用率，降低二氧化碳的排放量。

单面打印的纸张不要丢弃，收集起来，下一次可以使用反面来打印，或者翻过来做草稿纸、便条纸，或者装订在一起做成记录本。以此类推，作业本两面用也是一样的。

手绢代替纸巾

人口基数庞大的中国每年都要消耗 440 万吨的一次性纸巾，相当于每年要砍伐 7400 万棵树，成为仅次于美国的第二大餐巾纸消费国家。如果我们每个人都能使用手绢的话，每人每年减少二氧化碳的量为 0.57 千克。以全国人口来计，仅这方面每年减少的二氧化碳排放量已经是非常惊人了，所以为了低碳，请用手绢代替面巾纸，减少树木砍伐。

替换笔芯成习惯

现在大家写字的笔大多为中性笔，一般较少使用铅笔和钢笔。中性笔的主要材料是聚苯乙烯或改性聚苯乙烯，均具有抗腐蚀、耐老化的特点，很难自然降解。

如果用完中性笔后就丢弃，即直接将笔杆与笔芯一起扔掉，就让中性笔成了一次性用品，不仅浪费而且给环境带来了污染。

旧衣服莫丢弃

衣服能尽量穿长久一些就穿长久一些。舒适度是最重要的，不赶时髦，摒弃奢侈浪费。现在人们生活水平提高了，以前的孩子穿旧衣好养活的观念改变了，大多数的旧衣服都直接丢弃。其实，旧衣服是可以循环利用的，扔在垃圾堆里进行焚烧或者掩埋都不利于我们这个星球。如果是八成新以上的衣服还可以捐助，给灾区或者是山区贫困家庭等需要温暖的地方。如果是八成新以下的衣服，可以交给环保公司统一回收或者放在社区设立的旧衣服回收利用箱。

尽量不使用一次性物品

自备布袋装东西，少用塑料制品，一个塑料袋需要几百年的时间才能降解。

拒绝或减少使用一次性餐具，一次性筷子，拒绝白色污染。

不使用一次性纸杯，外出或者是去教室，可随身携带自用水杯，方便卫生。

送礼物时，在保证安全送达的情况下减少使用一次性过度包装。

生活垃圾分类放

每个人每天都会丢弃生活垃圾，目前处理这些生活垃圾的方式不外乎三种：填埋、焚烧、回收利用。垃圾有效分类能促进资源有效利用。支持和参与收集废纸、废玻璃、废塑料和废金属的回收利用等行动。

在日常生活中，分类处置垃圾，可以提高垃圾的回收利用率，减少后续需要处理的垃圾量，进而有利于废物的进一步处理和综合利用，降低垃圾运输和处理成本；有利于减少有害垃圾污染扩大（比如电池），避免通过食物链进入人体，影响人体健康。

废物利用

废物不是没用，只是没有找到合适的利用方法。旧衣服可以做抹布、拖把等；过期挂历可以包书皮；卷筒纸中间的硬直筒可以做笔筒；剩下的茶叶晒干后可以擦洗桌椅、放置冰箱，有很好的清洁和除味效果。人的想象、创意是无限的，会生活的人会把生活打扮得多姿多彩。

少用洗洁精

洗洁精的主要成分是脂肪醇醚硫酸钠、烷基磺酸钠、泡沫剂、增溶剂、香精、色素、防腐剂等，使用洗洁精不仅对健康造成小小的威胁，同时也会给地下水带来污染。

其实，不用洗洁精也能把果蔬洗干净。比如，雪梨、苹果、甜瓜、白瓜等水果蔬菜用温水冲一下后，在表皮放一点点食盐，用小刷子轻轻地刷，就可以放心地食用了。

使用可降解洗涤用品，少用化学制剂，购买使用无磷或者是生物可降解的洗涤用品，减少对水体的污染，也就是减少对江河湖海的污染。

3.3.2 用电篇

节约用电，减少电器使用

节约用电，少使用电器，随时关紧冰箱门，使用节能灯，购买电器可选用高效低能耗电器。

不管是寝室还是教室，少开空调，减少空调使用时间，自然环保。如需开空调，空调不宜调太高或太低，室内温度控制在 18~25℃（冬夏略有不同），比较符合人体的舒适度。

外出上课或出门随手关灯、拔插头、关风扇、关空调，停用一切可以断电的设备。

五层以下的楼层尽量不搭乘电梯，这样既锻炼身体又减少碳排放。

节约用电，减少电脑和手机的使用时间

使用电脑或手机时关闭不用的程序，随周围环境将屏幕调整到可视不暗的程度。

用电脑时尽量不使用待机模式，长时间不用电脑时可以关机，利于电脑的维护。

手机或电脑充电时尽量不要过夜，电量充满立即取下，既省电又安全。

不做低头族，增加面对面交流，既让心与心更近，也减少手机使用，减少碳排放。

3.3.3 用水篇

节约用水，珍惜水资源，宿舍或教室里可以安装节水龙头、节水型马桶。

用杯子接漱口水，刷牙时可以把水龙头关上，不要让水龙头一直空流着。用脸盆接洗脸水、洗脚水，用水桶接洗衣水。

水不是只可以用一次的，洗完脸的水可以拖地，洗完衣服的水可以冲厕所马桶，既省钱，又低碳。

缩短淋浴时间，减少水资源的使用。

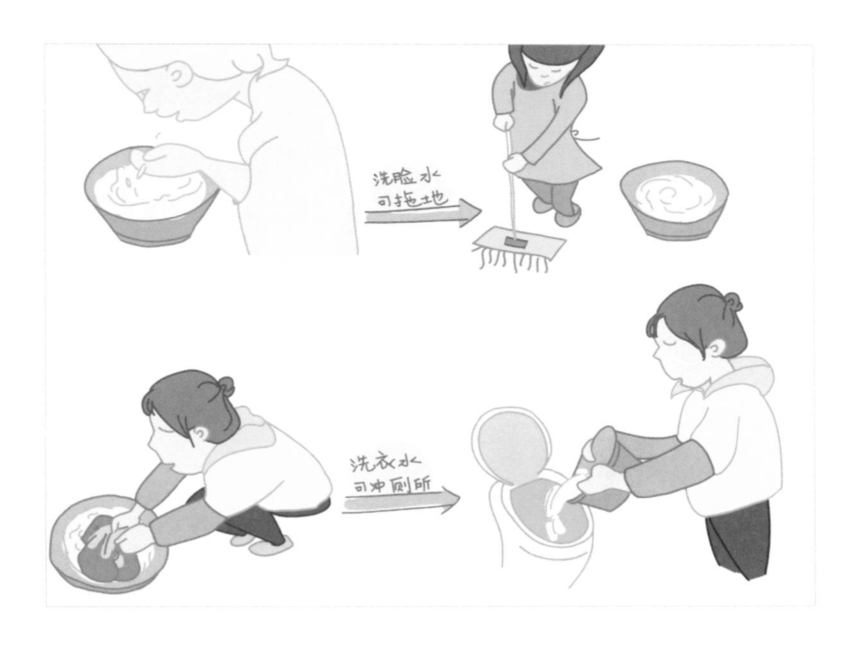

3.3.4 出行篇

在条件许可的情况下，尽可能选择低碳环保的出行方式，即耗能低、排碳少的出行方式。

如能走路或骑自行车时，不坐车，既锻炼身体也减少碳排放。

乘坐公共交通工具、开节能环保车、拼车出行（指几个人合乘一辆车）等。

这样可以减少因出行产生的碳排放量，也就是绿色出行方式。

3.3.5 饮食篇

现在很多人喜欢吃烧烤过的食物，觉得香、辣，好吃。殊不知，烧烤过程中，食物的维生素、蛋白质、氨基酸都会遭到破坏。饮用烧烤食物，减少了蛋白质等营养物质的利用率。烧烤过程中，致癌物会产生或增加。如核酸热突变，产生苯并芘的高度致癌物，诱发胃癌、肠癌。炭火结合油滴产生的浓烟，不仅严重污染空气，还会致癌。烧烤行业是一个高碳排放的行业。

为了身体健康和低碳，应多吃有机食品和新鲜蔬菜，少吃烧烤。

促进绿树成荫，创建美好校园

校园是大家的，大家应爱护。鼓励大家捐花种树，多多参加植树活动，不轻易伤害一草一木。对已有的校园花草树木，设立标志牌，专人给树木挂牌管理；划分责任田，由大家定时浇水。

一个绿树成荫、环境幽雅的校园环境，可以陶冶大家的情操，激发学习热情。促进校园绿树成荫，创建属于大家的美好校园。